ESSAI

D'UNE

NOUVELLE THÉORIE

DU

MAGNÉTISME ANIMAL

PAR

Léopold WARLOMONT.

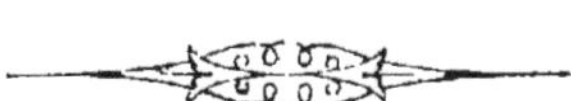

PARIS

IMPRIMERIE DE POMMERET ET MOREAU,

42, RUE VAVIN.

—

1860

Paris. — Impr. de Pommeret et Moreau, 42, rue Yavin.

ESSAI D'UNE NOUVELLE THÉORIE

DU MAGNÉTISME ANIMAL,

Par Léopold Warlomont.

> « C'est un devoir, une étroite obligation pour
> « quiconque a une idée, de la produire et mettre
> « au jour pour le bien commun. »
> Paul-Louis Courier.

Quand le magnétisme animal reposera sur des principes nettement conçus et définis avec précision, il s'élèvera aussitôt à la hauteur d'une science qui ne sera plus contestée par personne, parce qu'elle aura pour objet d'irrécusables phénomènes biologiques interprétés par une raison éclairée.

Mais qu'il est loin encore de cette brillante destinée !

La méthode expérimentale a fait sans doute de grands progrès ; mais, sous le rapport théorique, nous n'en savons pas plus qu'au temps de Van Helmont, à cela près que nous avons changé le nom de *force magique* en celui de *fluide magnétique*, pour désigner le même agent imaginaire (1).

La stérilité des spéculations auxquelles on s'est livré pendant deux siècles sur cette base fragile, acceptée à priori avec une confiance aveugle et inconsidérée, démontre mieux que toutes les critiques la nécessité de donner une nouvelle direction à nos recherches.

Au dernier banquet en mémoire de Mesmer, M. Antonin Dupuy a très-loyalement fait l'aveu de cet état des choses,

(1) En revendiquant, avec raison, l'hypnotisme comme une manifestation du magnétisme animal, on condamne de fait la doctrine du fluide magnétique.

en ces termes : « Si donc tous les efforts de la science ont un résultat aussi négatif dans notre Société, dont le progrès sur le passé est pourtant incontestable, c'est que nous faisons probablement fausse route sous le rapport spirituel. »

Pénétré de la conviction profonde que c'est en fondant leur système sur l'existence matérielle de ce prétendu fluide magnétique, que les magnétistes se sont fourvoyés, je crois utile de signaler la seule voie qui me semble conduire à la découverte de la vérité.

Comme point de départ, il convient d'accepter la conclusion du célèbre rapport de Bailly, Franklin, Lavoisier, etc., en date du 11 août 1784, qui attribue les faits observés à l'attouchement et à l'imagination : « L'histoire de la médecine, y est-il dit, renferme une infinité d'exemples du pouvoir de l'imagination et des facultés de l'âme. La crainte du feu, un désir violent, une espérance ferme et soutenue, un accès de colère, rendent l'usage des jambes à un paralytique ; une joie vive et inopinée dissipe une fièvre quarte de deux mois ; une forte attention arrête le hoquet ; des muets par accident recouvrent la parole à la suite d'une vive émotion de l'âme. Quand elle est une fois montée, ses effets sont prodigieux, et il suffit ensuite de la monter au même ton pour que les mêmes effets se répètent. » Ajoutons que les guérisons opérées par les pratiques religieuses ne sont dues qu'à la confiance absolue que certaines personnes accordent aux neuvaines, aux pèlerinages, etc.

« En résumé de tous ces faits, dit M. Ernest Bersot à la fin de son livre intitulé *Mesmer*, il y a dans le corps humain un organe infiniment mobile, délicat, capricieux, puissant : les nerfs ; il y a dans l'âme une faculté aussi infiniment mobile, délicate, capricieuse, puissante : l'imagination. Ces deux puissances agissent perpétuellement l'une sur l'autre, s'exaltent l'une l'autre et se montent à un singulier degré. Une des choses qui influent le plus énergiquement sur l'imagination est l'action décidée d'une volonté étrangère accompagnée de circonstances étranges et de la croyance à son pouvoir, une sorte de fascination. Le mystère fait des prodiges, et les prodiges font des prodiges. »

Voilà le véritable terrain à explorer ; j'essayerai d'en dégager les abords et j'ai l'espoir que d'autres, plus compétents que moi, sauront en reconnaître la fécondité et en extraire toutes les richesses qu'il renferme.

Ce qu'il importe d'étudier avec plus de soin que ne l'ont fait jusqu'à présent les physiologistes, et à un autre point de vue que celui où s'est placé Cabanis, ce sont les rapports qu'ont entre eux le moral et le physique, ainsi que l'action du monde extérieur sur l'organisme humain.

A cette fin, il est indispensable de préciser l'idée que l'on doit se faire de la Divinité, car cette notion exerce une telle influence sur toute la philosophie que sans elle on ne peut pénétrer dans les secrets de la nature.

Dieu est l'expression de toutes les perfections. A la sagesse suprême, à la justice absolue, à la bonté ineffable, il joint la toute-puissance et la prescience infinie.

Toutes ses œuvres sont nécessairement marquées du sceau de ces supériorités divines, c'est-à-dire que, engendrées d'une pensée unitaire, elles constituent un système complet, dont toutes les parties solidaires les unes des autres, sont coordonnées de manière à réunir la simplicité des moyens à la multiplicité des effets.

Ainsi, de l'éther-pantogène, *seul corps simple*, il crée tous les corps de l'univers, et du mouvement moléculaire de ceux-ci, il fait surgir la lumière, la couleur, la chaleur, l'électricité (1), le magnétisme, l'attraction (gravitation, affinité, cohésion) et la force centrifuge (2).

---

(1) Il ne peut donc y avoir qu'une espèce d'électricité : positive, où il y a le plus d'agitation, négative où il y en a le moins. Le galvanomètre accuse l'électricité positive dans le côté droit d'un droitier, et dans le côté gauche d'un gaucher ; de même que dans la main énergiquement contractée de l'un et de l'autre, tandis que dans la main la plus voisine du repos, on ne constate que l'électricité négative.

(2) N'oublions pas que tous ces phénomènes, y compris le son, se produisent par le courant galvanique, entre les extrémités des deux réophores, ce qui prouve leur unité étiologique.

Il fixe les conditions dans lesquelles la matière élémentaire forme les cellules primordiales (centres d'attraction ou foyers de mouvements), dont le groupement constitue le germe, ovule ou œuf, ayant capacité de développer un système plus ou moins compliqué (cristal, végétal, animal), et celles qui favorisent le perfectionnement successif des espèces. Il est probable que les modifications atmosphériques sont au nombre de ces dernières conditions. La génération spontanée est la conséquence de cet état des choses et une nécessité de la nature, car elle est indispensable pour détruire et rendre aux éléments tous les corps organisés, dont la décomposition putride pourrait compromettre l'existence des animaux supérieurs.

Des attributs de la Divinité, on doit encore conclure que toutes les forces qu'elle a créées, que les lois qu'elle a établies sont immuables et doivent inévitablement conduire aux fins qui leur ont été assignées. Ce serait donc une pensée sacrilége que d'imaginer que Dieu puisse intervertir ou modifier l'ordre qu'il a lui-même établi, car ce serait l'accuser d'erreur, de caprice ou d'imprévoyance.

Enfin il a créé l'homme libre ! mais il l'a organisé de telle sorte que ses besoins et ses passions assurent l'accomplissement de sa destinée (1). Par conséquent l'intervention actuelle de Dieu n'est pas plus nécessaire à l'évolution de l'humanité qu'à celle de l'univers (2). Tout concourt vers un but providentiel qui sera fatalement atteint d'une manière ou de l'autre par la seule force des choses.

IL N'EXISTE DANS LA NATURE QU'UN SEUL FLUIDE IMPONDÉRABLE : L'ÉTHER. Nous l'isolons sous le récipient de la machine pneu-

---

(1) La statistique des accidents et des crimes qui, chaque année, présente sensiblement les mêmes résultats, et l'histoire qui nous montre l'humanité progressant sans cesse, confirment cette loi de la nature.

(2) L'homme habile qui conçoit et exécute la machine à faire des enveloppes, en combine toutes les parties à cette fin ; il sait d'avance comment et combien elle produira, mais ce n'est pas lui qui fabrique les enveloppes, car une fois qu'il a mis sa machine en mouvement il ne s'en occupe plus. Si l'on peut comparer les petites choses aux infiniment grandes, on peut dire que le Créateur des mondes a fait comme ce mécanicien.

matique où nous pouvons en étudier les propriétés. Il remplit tout l'univers et fait partie intégrante de tous les corps en fournissant une atmosphère à chacune de leurs molécules, de sorte qu'il est partout en communication directe avec lui-même et peut propager en tous sens les ondulations dont il est agité. Il est le véhicule du mouvement lumineux, calorique, électrique ou magnétique, comme l'air est le véhicule du son.

Tous les astres (soleil, étoile, planète ou comète) animés de mouvements de translation et de rotation, qui atteignent respectivement, pour le soleil et la terre, une vitesse combinée de 73,600 et de 31,200 mètres par seconde, agitent sans cesse la matière éthérée et avec elle la nature tout entière. En ce sens Mesmer a dit avec raison que l'éther est un intermédiaire permanent entre tous les êtres de la nature, et partant entre les astres et les corps organisés. (Docteur Alph. Teste, *Magnétisme animal expliqué*, p. 131.)

Ces données admises, il est facile d'expliquer la vision. Dès qu'un objet est éclairé, les moindres particules de sa surface entrent en vibration lumineuse qui réagit sur la matière éthérée et y fait naître des vibrations de même espèce qui rayonnent en tous sens et en ligne droite. Une certaine quantité d'ondulations éthérées passent par le cristallin et vont frapper la rétine où ils forment une image daguerrienne, de la même manière que, dans une chambre obscure, elle se marque à l'état latent dans l'iodure d'argent d'un verre collodionné. L'impression rétinienne, par l'intermédiaire des nerfs optiques, est transmise au cerveau où l'âme en prend connaissance par l'ébranlement de la pulpe cérébrale. Cet ébranlement ne peut être mis en doute quand on considère que, par suite de l'unité du système nerveux sensoriel, le cerveau ne peut être affecté autrement par les nerfs acoustiques que par les nerfs optiques. En effet, ces deux sortes de nerfs ne diffèrent que par les appareils (oreille et œil) dont ils sont pourvus et qui sont destinés à concentrer sur les uns les vibrations de l'air, et sur les autres les vibrations de l'éther. Or, comme il est évident que les sons font vibrer le cerveau, il faut bien admettre que la lumière opère de même.

Mais il s'en faut que notre organe visuel soit impressionnable à toute ondulation éthérée. Personne n'ignore, au contraire, depuis les perfectionnements successifs qu'on a apportés aux lunettes astronomiques, combien de rayons échappent à nos sens quand ils n'ont pas le secours de ces utiles instruments. Si l'on considère que le mouvement éthéré se propage librement à travers tous les corps, on conçoit qu'il ne faudrait qu'un organe, suffisamment sensible, pour percevoir l'impression lumineuse des ondulations qui traverseraient tous les milieux fluides, liquides ou solides, transparents ou opaques (1).

De quel droit s'étonnerait-on de phénomènes de ce genre quand on sait :

1° Qu'au moyen de spirales on peut produire des effets d'induction au travers des murs d'une chambre : en plaçant contre un mur une spirale plate communiquant avec les pôles d'une pile, tandis qu'une personne tient en mains des conducteurs de cuivre, en relation avec une seconde spirale plate placée parallèlement de l'autre côté du mur ; chaque fois que l'on rompt ou que l'on ferme le circuit galvanique, la personne reçoit une secousse.

2° Que les dernières nébuleuses, encore visibles dans le télescope d'Herschel, ont mis l'éther en vibration deux mil-

---

(1) Les faits de lucidité sont renseignés en grand nombre dans les ouvrages spéciaux ; j'en citerai un seul, que j'ai recueilli de la bouche même de l'intéressé.

M. Jules B..., étant professeur à Lock..., rêva qu'il assistait aux derniers moments de son père, demeurant à Saint-..., éloigné de 174 kilomètres, et qu'il apercevait distinctement tous les détails de cette scène de désolation. A son réveil, il secoua les tristes impressions que ce tableau lui avait laissées, et vaqua à ses affaires comme à l'ordinaire ; mais le soir venu, son hôtesse, avec toutes sortes de précautions, lui parla de la santé altérée du père de M. B..., et finit par remettre à celui-ci une lettre qui lui annonçait la fatale nouvelle. Il partit sur-le-champ, et se convainquit sur les lieux de l'exactitude de toutes les circonstances dont sa vision l'avait rendu témoin.

lions d'années (vingt mille siècles !) avant que nous n'en rece-
vions l'impression (de Humboldt , *Cosmos* , p. 175) , et
cependant les ondes éthérées parcourent 70,000 lieues par
seconde !

Sans doute les corps translucides ou opaques opposent, à
la propagation des ondulations éthérées, certaines résistances
qui se traduisent en réfraction et en affaiblissement d'effets ;
toutefois elles ne continuent pas moins leur course linéaire en
conservant leurs propriétés ; comme les vibrations sonores,
produites par des instruments de musique, gardent leur carac-
tère tonal quelles que soient leur intensité et la distance à laquelle on les entend.

A ce degré d'affaiblissement le choc de l'éther n'agit plus
d'une manière perceptible sur nos sens, *dans leur état nor-
mal ;* mais l'expérience montre qu'il en est autrement sous
l'empire de certaines dispositions nerveuses : chez les fréné-
tiques, les maniaques, les hydrophobes et dans beaucoup
d'autres cas d'innervation morbide, l'excitabilité des sens
peut être portée à ce point qu'il faut tenir les malades dans
l'obscurité, le froid, le repos et le silence, de peur d'agacer
leurs nerfs et d'agiter violemment leur sensibilité. Les curieuses
observations du docteur Reichenbach font à peine soupçonner
jusqu'où peut aller la lucidité et la tactilité chez certaines
personnes, même à l'état physiologique.

Il n'y a donc rien qui répugne à la raison dans les phénomènes de lecture de caractères *bien éclairés,* au travers de
corps opaques ; une exquise sensibilité du centre nerveux
suffit pour expliquer les faits de cet ordre, qu'on ne nie que
parce que l'on ne s'est pas donné la peine de les étudier.

La photographie a d'ailleurs mis en évidence le travail moléculaire des corps éclairés et leur action à distance par le
rayonnement de l'éther ; car, en quelque lieu que l'on place
une chambre obscure, les ondes éthérées passent par la plus
petite ouverture, ou traversent une lentille convexe, et vont
ébranler une membrane photogénique dont elles modifient
l'état moléculaire au point d'y marquer l'empreinte de l'image
complète du corps radiant. Niepce de Saint-Victor a obtenu,

même dans l'obscurité profonde, des images de ce genre au moyen du nitrate d'urane qui, après avoir été solarié, conserve assez de mouvement pour décomposer l'iodure et même le chlorure d'argent. Ces résultats mettent en évidence l'impropriété du mot *photographie* (φωτός, lumière, γραφω, j'écris), qui devrait être remplacé par le néologisme *donémagráphie* (δόνημα, agitation, mouvement).

De telles expériences prouvent, mieux encore que celles de Reichenbach sur ce qu'il appelle les sensitifs, que tous les corps animés d'un mouvement moléculaire de quelque intensité rayonnent dans tous les milieux où ils se trouvent et envoient dans toutes les directions des ondulations éthérées *efficaces*, quoique souvent elles échappent à nos sens et à nos moyens actuels d'investigation.

On doit conclure de ces faits que les hommes, ne pouvant échapper à la loi universelle qui sollicite sans cesse les corps à se mettre en équilibre de mouvement, doivent également, quoiqu'à leur insu, exercer une influence quelconque les uns sur les autres, par la communication, au moyen de la matière éthérée, de l'état vibratoire de leur corps, et cela en raison inverse du carré de la distance, selon la loi qui régit la propagation de la lumière dont la nature étiologique est identique.

Tout le monde sait, et ce n'est pas d'hier, qu'il est nuisible aux jeunes gens de coucher avec des vieillards, comme il est avantageux à ceux-ci d'être habituellement dans la société de ceux-là. C'est pour utiliser cette action, qu'on amène au roi David, devenu vieux, la charmante et robuste Abisag de Sunam, afin qu'elle dorme auprès de lui et le réchauffe, dit le livre des Rois.

« Or si, par un simple contact, par un simple enveloppement de la même atmosphère, l'équilibre des forces vitales tend incessamment à s'établir entre deux individus dont l'un est affaibli par les ans ou par quelque maladie, tandis que l'autre jouit de l'intégralité de la puissance conséquente à la jeunesse et à la santé, est-il raisonnable de nier l'action à distance d'un individu sur l'autre? » (Docteur Ricard.)

Avant de poursuivre cet ordre d'idées, il convient de jeter un rapide coup d'œil sur la physiologie humaine, car, sous prétexte de psychologie, d'idéologie, de spiritualisme ou de supranaturalisme, on a si bien substitué l'imagination à la raison, la fantaisie à la réalité, que la confusion la plus déplorable règne dans tous les ouvrages qui traitent de l'anthropologie.

L'homme est composé de trois éléments : la vie, le corps et l'âme. Étudions-les brièvement.

La vie, résultante des forces de la nature (1), est l'état de mouvement sous l'empire duquel les combinaisons corporelles conservent une forme déterminée, en attirant sans cesse dans leur composition une partie des substances environnantes et en rendant aux éléments une portion de leur propre substance. Elle est l'apanage du règne végétal aussi bien que du règne animal, et c'est à tort que la plupart des auteurs, se laissant dominer par le sens étymologique (*animà*, qui anime), confondent la vie et l'âme, car ils devraient, pour être conséquents, ou dénier la vie aux plantes, ou leur attribuer une âme, ce que, certes, aucun d'eux n'a envie de faire.

La force vitale s'épuise peu à peu dans le travail de développement et de réparation organiques, depuis le commencement de l'évolution embryonnaire jusqu'à la mort, qui survient lorsque le corps ou quelqu'un de ses rouages est usé ou gravement altéré. On constate aisément cette déperdition de force par le ralentissement du pouls qui, chez l'homme, fournit 140 pulsations par minute dans la première enfance, et seulement 50, ou moins encore, dans l'extrême vieillesse. Le corps est donc comme une machine dont la somme de travail serait mesurée ; quand M. Flourens a annoncé qu'il était possible d'augmenter la durée moyenne de l'existence

(1) *La source, le principe* de la vie n'est pas en nous, mais dans le mouvement éthéré, condition essentielle de toute existence. Les astres s'arrêtant, tout rentrerait dans le chaos.

humaine, il aurait dû ajouter que c'était à la condition de restreindre son activité.

Outre le dépérissement général dont il vient d'être question, les forces s'affaiblissent encore par le travail quotidien et doivent se retremper dans le repos du corps. Le soleil, qui est la principale source du mouvement vital par l'agitation qu'il imprime à la matière éthérée, détermine, en se levant et en se couchant, la périodicité de l'état de veille et de sommeil; mais l'habitude, que l'on a dit avec raison être une seconde nature, règle en quelque sorte la quantité d'activité que nous pouvons dépenser chaque jour et la durée de notre repos.

Le corps, au point de vue des phénomènes biologiques qui font l'objet de cet essai, peut être considéré comme se résumant dans le système nerveux.

Ce système forme un tout continu, dont le centre ou le foyer se trouve dans l'encéphale et dont les innombrables ramifications sont répandues dans tous les points de notre corps, de telle sorte qu'on ne peut toucher aucune partie de celui-ci sans que le cerveau n'en ressente aussitôt un ébranlement.

Le cerveau, qui est le véritable organe des facultés intellectuelles et qui, seul, met l'âme en relation avec le monde extérieur, ainsi qu'on le démontrera plus loin, se compose d'un tissu pulpeux prodigieusement mobile, ayant l'apparence d'une sorte de bouillie, divisé en un grand nombre de lobes ou amas divers, enveloppés dans une membrane extrêmement délicate nommée *pie-mère*; cette membrane se continue, en prenant une grande consistance, jusqu'à l'extrémité des nerfs auxquels elle fournit, sous le nom de *névrilème*, une gaine renfermant la matière médullaire qui est donc partout en communication directe avec le centre sentant.

Les nerfs sont avant tout des conducteurs chargés de transmettre d'une extrémité à l'autre, et dans les deux directions, les vibrations qu'ils reçoivent, et cela à l'instar des tubes qui ont été minutieusement étudiés sous le rapport de l'acoustique, dont les lois sont ici applicables et remplacent avantageusement toutes les inepties qui ont été débitées sur la circulation d'un prétendu fluide nerveux.

M. Jacubowitsch, dont les recherches ont obtenu le grand prix de physiologie expérimentale, distingue, comme parties constituantes essentielles du système nerveux : 1° des cellules étoilées, les plus grosses (nerfs de mouvement ou de locomotion) ; 2° des cellules fusiformes, les plus petites (nerfs de sensibilité douloureuse, lumineuse, auditive, gustative, olfactive) ; 3° des cellules rondes ou ovales, moyennes par le volume (nerfs ganglionnaires) (1).

Par des causes diverses et multipliées, il arrive que toute l'activité vitale (2) se concentre dans certaines régions du cerveau et que les autres, par suite, sont condamnées au repos, de même que tous les nerfs qui en dépendent, ce qui rend insensibles ou paralyse les parties du corps où ils aboutissent. On conçoit qu'un tel phénomène, qui est assez fréquent, mettrait souvent notre vie en danger si le cœur, les poumons, l'estomac, etc., n'étaient mis à l'abri de semblables accidents. La nature, toujours admirable en ses moyens, y a pourvu en plaçant, sur le parcours du grand sympathique, un certain nombre de ganglions qui sont, ainsi que l'ont fort bien dit Bichat et Jonhstone, de petits cerveaux chargés d'entretenir l'activité des organes de la vie végétative et de les prémunir contre les distractions du centre pensant. On voit que la décentralisation est aussi bienfaisante en physiologie qu'en politique.

Les nerfs ne peuvent porter à l'âme que les impressions auxquelles sont destinés leurs aboutissants cérébraux. Ainsi,

(1) Il est présumable que des différences analogues existent dans les cellules végétales et qu'elles forment, dans le tissu des plantes herbacées, des couches d'inégale dilatation, qui déterminent leurs mouvements sous l'action de la lumière calorique, ainsi que cela a lieu dans le thermomètre hélicoïde à trois métaux (platine, or et argent), de Bréguet.

(2) J'entends par activité ou force vitale, l'état de mobilité ou la somme de mouvement moléculaire que nos nerfs et nos muscles sont susceptibles de recevoir du milieu où nous vivons, et qui peut être modifié par des causes diverses, intérieures ou extérieures.

les troubles qui résultent soit d'une cause extérieure (électricité, pression, choc, lésion même), soit d'une cause intérieure (congestion sanguine, action d'un narcotique introduit dans le sang, etc.), s'accordent avec la nature des attributs inhérents au nerf affecté : des flamboiements dans les lobes optiques, des bourdonnements dans les lobes auditifs, la saveur ou l'odeur dans les lobes gustatifs ou olfactifs, des fourmillements dans les aboutissants de la tactilité ou de la sensibilité générale. (Muller, *Traité de physiologie.*)

L'homme vivant peut être comparé à une machine en mouvement : une locomotive, par exemple, est le corps inerte ; le mouvement moléculaire qui transforme l'eau en vapeur par l'action du feu, est la vie ; et le conducteur qui la dirige en est l'âme. De même l'appareil télégraphique d'une station, avec sa pile et ses réophores, est le corps du télégraphe ; le mouvement moléculaire du zinc attaqué par l'acide, mouvement qui se propage au loin dans les fils de cuivre, constitue la vie de cette ingénieuse machine ; et l'employé qui la fait manœuvrer ou en observe le travail en est l'âme. Quand il expédie une dépêche, il agit sur l'appareil comme l'âme sur le cerveau, lorsqu'elle veut que celui-ci fasse mouvoir une de nos extrémités ; quand il en reçoit une, il l'apprécie comme l'âme apprécie le langage plastique du cerveau mu par les nerfs-réophores qu'un corps extérieur a impressionnés.

L'AME est une substance immatérielle, *immuable*, imperfectible, immortelle. Qu'on la considère comme une émanation essentielle de la Divinité, une portion appropriée d'un esprit universel ou comme une entité attachée à chaque individu, elle est l'élément de notre être qui veut, sent, perçoit, aime, pense et raisonne. De l'exercice de ces facultés, elle peut s'élever jusqu'aux conceptions abstraites et universelles. Mais ces facultés, elle ne les acquiert que par son union avec le cerveau, et encore ne se manifestent-elles pas immédiatement après la naissance, mais seulement après que la pulpe cérébrale a été mise en jeu par les organes des sens, qui lui communiquent les eff·ts du contact fluidique ou solide du monde extérieur.

Le subjectif procède de l'objectif.

La doctrine des idées innées est donc radicalement fausse, car, qu'est-ce qu'une idée, sinon la représentation claire et distincte d'un objet quelconque ou d'un fait intellectuel qui répond dans notre esprit à des objets dont il a pris connaissance ? Or, il est impossible de concevoir une idée sans les signes, vocaux ou graphiques, qui la formulent, et qui ne peuvent arriver à l'âme que par l'intermédiaire des sens : *Nihil est in intellectù quod non priùs fuerit in sensù.* (Aristote.)

Dès que le cerveau du fœtus est organisé (et il l'est naturellement dans des proportions très-variables), il participe à l'activité nerveuse de sa mère, et il doit éprouver des mouvements de celle-ci et des changements de position qui en résultent, certains effets de bien-être ou de malaise ; les bruits extérieurs doivent également, à un degré quelconque, exercer sur lui leur influence ; or, comme les opérations de l'âme commencent aussitôt que l'encéphale est formé, il faut bien reconnaître que l'enfant, longtemps avant sa naissance, a déjà éprouvé quelques sensations rudimentaires, quelques vagues besoins qui se traduisent au moment où il est mis au jour, par les manifestations de l'instinct inhérent à la conformation primitive et aux mouvements spontanés du cerveau, mais rien qui ressemble à une idée, à un acte volontaire ou raisonné ; et c'est pour cela que nous ne conservons aucun souvenir de nos premières années ; le contraire aurait lieu si nos idées étaient innées.

Connaître l'état du cerveau, c'est connaître l'état de l'âme, et l'on peut affirmer que, dans l'échelle ontologique, les facultés de celle-ci sont proportionnelles à l'étendue du clavier cérébral.

Les impressions qui parviennent à l'âme sont en raison composées de l'état organique du cerveau (pulpe normale, ou plus dure ou plus molle, etc.), et de la constitution spécifique des corps (solides, liquides, gazeux, impondérable) qui agissent sur nos organes sensoriels, de sorte qu'à chaque modification encéphalique correspond une modification psychique et réciproquement.

L'union de l'âme et du corps, l'action de l'un sur l'autre, sont des mystères impénétrables pour nous, mais c'est un fait indéniable et que je constate en ce moment même, par l'obéissance de ma main à poser ici les caractères qui donnent un corps aux idées que mon âme façonne dans mon cerveau (1). Leur union est même si intime, leurs opérations sont dans un tel rapport de solidarité et de simultanéité, que l'on serait tenté de croire à l'unité de leur essence, si d'intimes et attentives observations ne témoignaient de leur dualité.

L'âme ne reçoit des sensations que du cerveau, ne réagit que sur lui et ne conserve son intégrité qu'autant que celui-ci la possède lui-même. En effet, s'il est vrai que des altérations de la moelle épinière ou du système ganglionnaire peuvent compromettre ou anéantir la vie, personne n'ignore que les seules lésions du cerveau sont capables de troubler l'intelligence.

La corrélation qui existe entre les divers phénomènes de la nature, donne à l'homme un puissant moyen pour fonder les sciences, pour avancer du connu à l'inconnu ; car dès qu'il aperçoit clairement les lois d'un ordre de phénomènes, il lui suffit de déterminer un rapport, pour en conclure les lois d'un ordre encore inexploré. L'acoustique, qui est indubitable-

---

(1) Comment expliquer que l'imagination d'une femme enceinte, vivement frappée ou longtemps préoccupée de l'idée d'un objet, soit capable d'en imprimer l'image sur le corps de l'enfant qu'elle porte dans son sein? Ce phénomène n'est pas rare, et j'en pourrais citer de nombreux exemples.

La ressemblance, souvent frappante, qui existe entre les enfants et leurs père et mère, ne peut être attribuée qu'à l'influence qu'exercent la constitution et l'imagination de la mère sur le développement du fœtus. Il arrive fréquemment que l'enfant adultérin ressemble au père putatif et que celui né d'un second mariage ressemble au premier mari, parce que la femme continue à penser au premier objet de ses affections et que son cerveau en a conservé les empreintes.

ment la partie de la physique la mieux et la plus sûrement connue, doit nous servir de flambeau pour éclairer l'étude des vibrations du fluide éthéré, attendu qu'en qualité de corps élastique, il ne peut échapper à ses lois. L'air ne fournit plus de son perceptible au delà de quarante-huit mille vibrations par seconde, d'après les travaux de Savart ; cependant il est certain que si l'on imprime à la roue dentée de ce savant un mouvement plus considérable, ses effets doivent avoir encore plus d'intensité ; nous ne les entendons pas, parce que l'air est trop grossier pour les recevoir, mais nous devons croire qu'ils se manifestent sur la matière éthérée, qui probablement les rend sensibles en les traduisant en électricité, chaleur et lumière. On n'a pas encore songé à cette hypothèse qu'il serait intéressant de voir vérifier expérimentalement.

Les notes musicales dépendent du nombre de vibrations produites dans un temps donné ; tout le corps de l'instrument en éprouve une agitation considérable, et l'on comprend que la matière dont il est composé, bois ou métal, doit, par de nombreuses répétitions des mêmes modes vibratoires, prendre un arrangement moléculaire accommodé à sa destination et le plus propre à fournir les pulsations sonores. Aussi les musiciens savent-ils tous qu'un instrument est plus juste, plus sonore, plus facile à jouer, lorsqu'il a longtemps servi à un artiste habile.

Le cerveau se comporte de même et vibre comme un instrument de musique, c'est-à-dire que par un travail méthodique, on l'assouplit, on lui donne de bonnes habitudes, on le rend habile à *sonner* correctement. Comme un cor ou un hautbois, il peut être faussé par des exercices déréglés, contradictoires, subversifs. On ne saurait donc trop s'attacher, dans la première éducation, à n'inculquer dans l'esprit des enfants que des images simples, progressives, à contours vivement accusés, et toujours à la portée de leur naissante intelligence (1).

(1) L'esprit est la résultante de l'union de l'âme et du cerveau.

Quand notre oreille est frappée des vibrations sonores de l'air, que nos yeux sont frappés des vibrations lumineuses de l'éther, il n'est pas douteux que notre cerveau n'en soit ébranlé, et par analogie on est en droit de supposer qu'il en est de même par la mise en action des autres sens. L'expérience nous apprend que l'impression cérébrale survit à la cause qui l'a fait naître, comme la vibration d'une cloche subsiste après le coup du battant ; en effet si l'on entend longtemps les mêmes sons, ils restent dans les lobes auditifs ou se renouvellent, et souvent d'une manière très-importune. Si l'on fixe les yeux pendant quelques secondes sur un corps lumineux, le soleil couchant par exemple, son image ne s'efface pas de suite ; au contraire elle y reste pendant un temps beaucoup plus long que la durée de l'action du corps radiant.

Mais le cerveau ne jouit pas seulement de la propriété de recevoir actuellement des vibrations objectives, il possède en outre la faculté de les reproduire avec ou sans la participation de l'âme. Les combinaisons innombrables qui se manifestent ainsi sous l'influence inaperçue du monde extérieur sont l'aliment de l'imagination, et, dans un cerveau rationnellement façonné, elles font naître les éclairs qui caractérisent le génie.

Ce travail cérébral constitue encore la mémoire.

Lorsque l'âme reste passive, la mémoire spontanée du cerveau occasionne des hallucinations, des rêves, le somnambulisme naturel, etc. ; des joies sans motifs connus, ou un certain malaise indéfinissable, dont la cause nous échappe, mais qui nous plonge dans un état de préoccupation ou de distraction invincible et nous rend inhabile à toute contention d'esprit, ou nous isole de tout ce qui nous entoure ; le cerveau travaillant *de motu proprio* est de fait soustrait à l'empire de l'âme.

Lorsque celle-ci est en possession de toutes ses prérogatives, elle saisit instantanément les moindres modifications de l'état vibratile du cerveau, en dirige les mouvements et reveille ainsi de proche en proche, par voie d'assimilisations ou de rapports, d'anciennes impressions assoupies ou effacées ; mais ce n'est pas toujours avec facilité, ni avec succès. Par les efforts que nous faisons quelquefois pour rappeler un nom, un mot, un souvenir oublié, nous sentons l'impuissance de notre volonté, la plus importante faculté de notre âme, et nous comprenons intuitivement que celle-ci ne possède pas par elle-même la mémoire, mais qu'elle en dirige le réveil dans le cerveau qui est son véritable siége.

A ce propos remarquons que l'attention est indispensable à la perfection d'une sensation intellective, parce qu'elle permet à l'âme d'analyser l'impression cérébrale, de la dépouiller de ses éléments hétérogènes, et d'en prolonger la durée. En dehors de ces conditions, la mémoire volontaire ne subsiste pas, car sans elles l'impression est fugitive et immédiatement remplacée par une autre ; tout ce que nous faisons machinalement ne laisse pas de trace.

L'âme peut même concentrer tellement son attention sur une région cérébrale en particulier, qu'elle se soustrait absolument aux affections des autres : un micrographe, absorbé dans la contemplation d'un infusoire, n'entend pas le bruit qui l'abasourdirait s'il était moins occupé. Quand un homme écoute avec une grande attention, sa mâchoire tombe, parce que le cerveau ne la soutient plus. Un spectacle inattendu qui nous frappe de stupeur arrête tous nos mouvements. Les travaux de cabinet qui exigent une puissante contention d'esprit, entravent les fonctions digestives, quand ils sont trop prolongés. La crainte qu'inspirent à certaines personnes les opérations chirurgicales peut si bien s'emparer de leur esprit, qu'elles tombent en défaillance à la vue des instruments de chirurgie qu'on prépare à leur intention.

Enfin, l'habitude émousse la sensibilité de l'âme, en ce sens que cette dernière n'accorde plus son attention à des impressions monotones trop multipliées : le meunier n'entend plus le bruit de son moulin, au milieu duquel son oreille compte les battements de sa montre ; le tanneur ne sent plus l'odeur du tan ou des peaux corrompues, bien que sans changer de milieu, il y apprécie parfaitement les arômes les

plus délicats ; un strabique n'a pas conscience des images ré-
tiniennes qui agitent son œil faible, car s'il les percevait, il
verrait double ; les habitants des villes, les voisins d'une
forge, d'une fontaine, dorment paisiblement au milieu du bruit
des voitures, des marteaux, des chutes d'eau.

Chose étrange ! je me souviens très-bien des moindres in-
cidents de ma jeunesse et ne me rappelle pas ce qui s'est
passé il y a un an !... Qui n'a pas entendu faire cette ré-
flexion ?...

L'explication de ce phénomène est simple : le cerveau est
comparable à une quantité donnée de cire molle sur laquelle
on imprimerait successivement, à une profondeur déterminée,
une série de médailles, en commençant par la plus petite et
finissant par la plus grande ; chacune y marquerait son con-
tour ; mais si l'on procédait au rebours, la première médaille
seule fournirait une empreinte vigoureuse et les autres, plus
petites, n'y laisseraient que peu ou point de traces. Telle est
la condition de l'homme. Dans sa jeunesse tout est nouveau
pour lui, tout l'émeut, l'étonne, le frappe et laisse une image
durable parce que l'attention qu'il y a donnée en a gravé pro-
fondément les détails dans sa tête ; mais à mesure qu'il vieillit,
à mesure qu'il acquiert plus d'expérience, les impressions
s'affaiblissent, reçues qu'elles sont dans des empreintes anciennes plus larges et plus profondes ; l'attention y prend peu
de part et leur effet est conséquemment éphémère. Elles
s'effacent donc successivement, en remontant le cours de la
vie, et le vieillard finit par rentrer en enfance, à moins qu'il
n'exerce sans relâche son intelligence à des sujets nouveaux,
capables de captiver son esprit.

Cette déchéance des facultés intellectuelles, conséquence
de la vieillesse, de la folie ou de quelque autre trouble cérébral accidentel, prouve à suffisance l'immuabilité de l'âme,
car son essence spirituelle ne nous permet pas de croire
qu'elle puisse perdre des facultés innées ou acquises. Elle est
nécessairement égale, identique chez tous les hommes, afin
que l'amélioration physique et morale des races soit leur
œuvre. La nature les intéresse ainsi à fortifier leur corps et

à développer leur intelligence, assurés qu'ils sont que leur progéniture en sera plus parfaite. C'est donc le cerveau seul qui profite de l'éducation, et, comme tous les organes s'accroissent par un travail régulier et salutaire, il est rationnel d'admettre que les lobes cérébraux les plus exercés prennent plus de volume que les autres, et qu'ils se manifestent au dehors par les protubérances dont l'étude fait l'objet de la phrénologie.

Les nerfs, on ne saurait trop le répéter, ne peuvent porter au cerveau que des vibrations produites par les fluides, liquides ou solides mis en contact avec eux-mêmes ou avec les organes de nos sens, qui, en fin de compte, ne s'impressionnent que par le toucher. Il s'ensuit que la pulpe cérébrale est dans un état permanent d'agitation entretenue par les pulsations artérielles. Sur les individus qui ont subi l'opération du trépan, on voit distinctement les soulèvements et abaissements alternatifs des hémisphères, qui peuvent nous donner une idée du prodigieux travail moléculaire qui s'y opère lorsque la masse encéphalique est retenue par l'enveloppe crânienne.

Toute représentation objective, toute idée subjective, toute action de l'âme sur le cerveau et réciproquement de celui-ci sur celle-là, se manifeste donc par un mouvement vibratile qui varie à l'infini suivant la nature des causes qui y donnent lieu. Cette mobilité essentielle de la matière cérébrale n'est pas plus incompréhensible que celle d'une membrane photogénique dont nous avons des preuves matérielles par les délicates images qui s'y révèlent.

Mais c'est surtout en constatant l'exquise sensibilité de la rétine que l'on s'émerveille de la subtilité du cerveau, car les nerfs optiques étant les plus courts de tous, et l'œil étant de tous les organes le plus voisin du centre intelligent, c'est la mobilité de cet organe qui doit le plus approcher de celle du cerveau. Aussi qui ne connaît la puissance fascinatrice du regard ! Les yeux sont le miroir de l'âme, dit avec raison le vulgaire, puisqu'ils montrent au dehors tous les sentiments qui remuent le cerveau. L'agitation moléculaire y est assez énergique pour les rendre phosphorescents dans la race féline, et il n'est pas douteux que la matière cérébrale vivante soit également lumineuse dans l'obscurité. La phosphorescence des lampyres ou vers luisants, des scolopendres, etc., de même que l'électricité des torpilles et des gymnotes ne proviennent sans doute que de l'agitation d'un centre nerveux approprié à cet usage.

Du moment que l'on admet la plasticité des idées, et comment la repousser quand on comprend les fonctions de nos sens, il est aisé, par voie d'analogie, de se rendre compte de la transmission de la pensée du magnétiseur au sujet.

Si, en face d'un piano ouvert, vous faites sonner une note quelconque, un sol par exemple, au moyen d'un violon mis préalablement au même diapason, l'air sera mis en vibration et sollicitera les cordes du piano à retentir synchroniquement, mais toutes resteront muettes, sauf les sols, c'est-à-dire les cordes qui, étant directement mises en mouvement, feraient vibrer l'air de la même manière que l'a fait la note d'appel.

« Le parallèle entre le son et la lumière est si parfait, dit Euler dans sa 28e lettre à une princesse d'Allemagne, qu'il se soutient même dans les moindres circonstances. Quand j'alléguai le phénomène d'une corde tendue qui peut être agitée par le bruit de quelques sons, Votre Altesse se souviendra que le même son que la corde rendait étant touchée, est le plus efficace à ébranler cette corde et que d'autres sons n'y produisent d'effet qu'autant qu'ils font avec la corde une belle consonnance. Il en est exactement de même de la lumière et des couleurs, puisque les différentes couleurs répondent aux différents sons de la musique. Pour voir ce bel et merveilleux phénomène, on prépare une chambre obscure ; on y fait un petit trou dans un volet, devant lequel on place à quelque distance un corps d'une certaine couleur, comme par exemple un morceau de drap rouge, en sorte que, lorsqu'il est bien éclairé, ses rayons entrent par le trou dans la chambre obscure. Ce seront donc des rayons rouges qui entrent dans la chambre, l'entrée de toute autre couleur étant défendue. Maintenant, lorsque l'on tient dans la chambre, vis-à-vis du trou, un mor-

ceau de drap de la même couleur, on le verra parfaitement
bien éclairé et sa couleur rouge paraîtra fort brillante ; mais
si on tient à la même place un morceau de drap vert, il de-
meurera obscur et on ne verra presque rien de sa couleur. Or,
si l'on met hors de la chambre, devant le trou, un morceau
de drap, aussi vert et bien éclairé, le morceau vert dans la
chambre en sera parfaitement éclairé et sa couleur verte paraîtra fort vive. Il en est de même de toutes les autres couleurs. »

Ces expériences font voir que la matière éthérée agit exactement de la même manière que l'air, pour transporter au
loin le mode vibratoire qui lui a été imprimé.

Qu'on se représente maintenant le cerveau comme une col-
lection d'instruments d'orchestre, ayant chacun son diapason,
sa gamme propres, et le problème de la pénétration de la
pensée, en quelque langue qu'elle se formule, se résout de
lui-même. En effet, aussitôt qu'une corde idéelle vibre dans
un cerveau, elle fait sonner sa congénère dans le cerveau
voisin *s'il est passif*, et lorsqu'un magnétiseur, en présence
d'un sujet suffisamment sensible, suscite mentalement dans
sa tête une série de vibrations formant une phrase musicale
ou une pensée, cette phrase ou cette pensée s'imprime instantanément dans le cerveau du sujet. Celui-ci a souvent la
conscience de son inertie : il sent qu'on agit pour lui et que les
connaissances qu'il acquiert sont la révélation d'une intelligence étrangère.

Au surplus cette influence des hommes les uns sur les autres
se remarquent ailleurs que dans les pratiques du magnétisme :
« Dans toutes les réunions, quel que soit leur but, il arrive
toujours un instant, si elles se prolongent, où une sorte
d'equilibre indéfinissable s'établit entre toutes les pensées
de ceux qui la composent, de telle sorte qu'une nuance uni-
forme de joie ou de plaisir, de gaieté ou de tristesse s'étend sur
toutes les physionomies et règne dans l'appartement comme
une atmosphère commune. » (Docteur Alph. Teste.)

« J'ai différé, dit Van Helmont, de dévoiler un grand mystère : c'est qu'il y a dans l'homme une énergie telle que, par

sa seule volonté et par son imagination, il peut agir hors de lui et imprimer une vertu, exercer une influence durable sur un objet très-éloigné. »

Des considérations qui précèdent il est facile de déterminer les conditions *les plus favorables* à la manifestation des phénomènes magnétiques :

1° Le magnétiseur doit être robuste, afin de communiquer un surcroît d'activité vitale au sujet (1) ; être capable d'une grande netteté de pensée et d'une puissante volonté s'appliquant exclusivement au but qu'il se propose. Le contact corporel n'est pas nécessaire, celui des deux atmosphères propres à chaque individu suffit, mais il n'opère pas aussi vite.

2° Le sujet, au contraire, doit être maladif, faible, d'une innervation très-irritable ; il doit être instruit de ce qu'on attend de lui et s'y prêter, s'efforcer de ne penser à rien, pour que son cerveau passif soit accessible aux moindres impressions.

3° Il faut opérer dans le calme, autant que possible dans la solitude, et dans les lieux qui n'inspirent ni inquiétude, ni contrainte, et où rien ne soit de nature à causer des distractions. La solitude est avantageuse en ce que le sujet n'est pas exposé à subir l'influence de volontés contraires à celle du magnétiseur.

La passiveté de l'âme met l'homme dans une singulière dépendance des autres. Si, au milieu d'un profond sommeil, vous réveillez quelqu'un et que, d'un air impérieux, vous lui imposiez silence par des signes mystérieux, il obéira machinalement aux ordre que vous lui donnerez, vous suivra où vous voudrez, se recouchera dans tel lit que vous lui désignerez, s'y rendormira, et à son réveil n'aura aucun souvenir de ce qui s'est passé.

Il y a quelques années, dans des séances publiques, on a

(1) Une énergique volonté peut augmenter l'activité vitale, puisqu'elle permet de contracter violemment un membre et de secouer l'engourdissement qui précède le sommeil. C'est, sans doute, par suite de cette faculté que deux individus peuvent alternativement être magnétiseurs et magnétisés.

produit artificiellement cet état de subordination absolue, sous la dénomination d'*électro-biologie*. Après avoir frappé l'imagination de l'auditoire par le récit des merveilles de l'électricité, de l'électro-magnétisme et d'autres phénomènes extraordinaires, l'expérimentateur invitait quelques amateurs de bonne volonté à se rendre auprès de lui sur le théâtre, les faisait asseoir dans de bons fauteuils, puis remettait à chacun un petit disque de zinc et cuivre, et leur recommandait de fixer obstinément leur attention sur le centre de ce disque, de s'absorber, de s'oublier dans cette contemplation, d'anéantir toute initiative, toute volonté. Au bout d'un certain temps, les sujets, quoique éveillés, devenaient tellement dociles aux ordres du maître, que celui-ci pouvait les forcer à courir sans qu'ils pussent s'arrêter, à remuer un membre sans qu'ils parvinssent à le remettre au repos, etc.; il leur persuadait, par un mot, dit avec autorité, qu'ils étaient tel professeur, tel ovateur célèbre, et ils le croyaient; les forçait à ce titre à parler au public, et ils s'exécutaient. Leur âme était à la merci et à la volonté d'autrui, qui faisait mouvoir leur cerveau et leur corps bon gré mal gré.

Un fait très-curieux, affirmé par tous les praticiens, c'est l'action que les objets inertes, préalablement magnétisés, exerce sur les personnes qui ont été fréquemment soumises aux passes magnétiques. Ces personnes ressentent, au contact de l'atmosphère de ces corps, une impression assez forte pour en être endormies; mais on se tromperait si l'on s'imaginait que le sommeil est le produit immédiat de l'imprégnation de l'objet magnétisé. Quand un tigre a été maté par un dompteur d'animaux, il tremble dès qu'il s'aperçoit de son approche; dira-t-on que ce sont les subtils effluves provenant de son maître qui terrifient ainsi cet animal? nullement. La faible impression qu'il en ressent suffit pour réveiller dans sa tête, la mémoire des châtiments qui lui ont été infligés et il en redoute le retour. Chez le somnambule magnétique il se passe quelque chose d'analogue, c'est-à-dire que son système nerveux reconnaît, dans l'atmosphère du corps magnétisé, le mode vibratoire de son magnétiseur, se monte au même diapason et qu'aussitôt, par un effet de mémoire spontanée, le cerveau reproduit les mouvements qui, antérieurement, ont amené l'assoupissement par la volonté du magnétiseur.

Je connais un petit chien, de race épagneule, qui retrouve, n'importe où elle tombe, une pierre lancée au loin par une main connue ou inconnue, gantée ou non. Parce que le chien, dans ses recherches, se sert de son organe le plus sensible, le nez, on en a conclu qu'il ne reconnaît les choses que par leur odeur ; mais rien n'est moins prouvé. Toujours est-il que l'homme, par son atmosphère personnelle, modifie d'une manière ou de l'autre l'atmosphère de la pierre, puisque l'intéressant quadrupède dont je parle la distingue entre toutes les autres. Pourquoi cette modification ne s'opérerait-elle pas simplement dans l'état vibratoire de cette atmosphère?

Si nous ne connaissions pas la propriété de l'aimant et de l'électricité, comprendrions-nous comment, au moyen d'un petit morceau de fer doux, ou d'une balle desureau suspendue à un brin de soie, on reconnaît facilement, sans erreur possible, un petit morceau d'acier aimanté ou électrisé, entre mille autres absolument semblables d'aspect et de composition, sauf que l'atmosphère de ceux-ci n'est ni magnétique, ni électrique.

En présence de tels faits, il n'est ni prudent, ni raisonnable de prétendre que le contact, ou les passes, dites magnétiques, ne laissent pas de traces perceptibles et efficaces sur un corps inerte.

Cet essai, tout écourté qu'il est, suffira, je l'espère, pour convaincre mes lecteurs de la possibilité de soumettre le magnétisme animal au raisonnement rationnel, en assimilant ses opérations à des phénomènes physiques ou physiologiques déjà connus, et pour les engager à renoncer aux chimères d'un mysticisme puéril qui n'est que la négation de toute science.

Encore quelques observations et je finis :

1° Le sommeil, spontané ou provoqué, a sa principale

cause dans la lassitude du système nerveux et l'anéantisse-
ment de la volonté.

2° Les poisons, les narcotiques, les spiritueux, les stupé-
fiants *volatils* (chloroforme, éther sulfurique, amylène, etc.),
l'action magnétique, commencent par surexciter le système nerveux, finissent par épuiser son activité et provoquent
enfin le sommeil qui présente des phénomènes d'autant plus
remarquables, que la cause qui l'a fait naître a opéré plus ra-
pidement.

3° La volonté du magnétiseur et l'hypnotisme concentrent
l'activité cérébrale dans les nerfs sensoriels ou dans certains
d'entre eux; les autres sont, par cela même, condamnés au
repos, ce qui entraîne la paralysie des membres où ils se dis-
tribuent (anesthésie, catalepsie.)

4° L'accroissement du mouvement moléculaire, comme
cause du sommeil magnétique, explique ce qu'éprouvent les
personnes magnétisées : fourmillements analogues à ceux
produits par le courant galvanique ou les appareils d'induction; — sensation d'air comprimé au passage des mains de
l'opérateur; — surexcitation des sécrétions; — chaleur à la
peau;—atmosphère lumineuse, etc. (Docteur Teste,—Manuel
pratique, p. 52 et suiv.)

Le 20 juillet 1860.